U0183055

启航吧知识号

百变的
平面几何图形

米莱童书 著/绘

北京理工大学出版社
BEIJING INSTITUTE OF TECHNOLOGY PRESS

推荐序

  40 岁的柏拉图在雅典创立了柏拉图学园，学园的大门上写下了"不懂几何者不得入内"的标语。这是为什么呢？这要从几何说起了，几何来源于生活，历史悠久。原始人为了生存，认识了猎物的形状、大小、位置等与几何相关的知识。后来，几何被用在了建筑、测绘以及各种工艺制作中，中国在公元前 13、14 世纪就已经有了"规""矩"这种用于测量的工具，古埃及人也发明了测定土地界线的"测地术"。到了现在，几何已经发展成了一门研究空间结构和性质的学科，同时也成了训练抽象思维能力、空间想象能力和逻辑推理能力的最有效的工具。

  作为数学最基本的研究内容之一，几何中的定义和概念都是从人们的实际生活中抽象出来的。在系统地学习几何的过程中，小朋友会经历从实际生活中抽象出几何图形的过程以及将抽象图形具象为实际物体的过程，空间观念和想象能力得以随之发展。另外，通过对几何公理的推理和演绎，小朋友的逻辑推理能力也将得到提升。毫不夸张地说，几何可以为万物赋能。几何中涵盖着艺术的美感，许多包括绘画、建筑设计在内的工作都要求具备几何基础知识；同时，几何也能为绘图、天体观测等测绘行业提供帮助；几何成像技术的发展为医学、人工智能、软件开发等信息领域提供了更广阔的前景。了解几何、感悟几何，可以为孩子的未来职业发展奠定良好的基础。

  就像柏拉图学园要求"不懂几何者不得入内"一样，几何在我们生活中的作用是不可取代的。基于这样的事实和需求，《启航吧，知识号：百变的平面几何图形》深入浅出地讲解几何知识，以引导孩子发现几何的奥妙。同时，书中渗透了历史、文化等方面的内容，满足孩子对综合知识的摄取，让几何在孩子眼中的形象变得更加丰满、有趣。

  希望这本书能够成为孩子们几何学习道路上的助力器，帮孩子们学好几何、用好几何。

中国科学院院士、数学家、计算数学专家

郭柏灵

我是线段，有头有尾。我不是平面图形，但我可以构成平面图形哦。

线段

三角形

我是三角形，最稳定的平面图形。

目录

圆形

三角形

稳定的关系离不开我

话说，三国时期，魏蜀吴三足鼎立，它们互相牵制，原本群雄割据的局势似乎变得稳固了起来。

这份稳固，离不开一个几何图形。

这个几何图形就是我，大家好，我就是最稳定的平面图形——**三角形**！

三角形是最稳定的平面图形，你看，世界著名建筑金字塔上就有三角形。

自行车的车架上也用到了三角形。

你找到三角形了吗？

你是不是好奇：为什么三角形就是最稳定的呢？嘿嘿，走，我带你一起去揭开这个秘密。

我身上有三条线段

只要一个图形的每个部分都在同一个平面上，它就是平面图形。

平面，就是像地面、墙壁、镜子一样平平的面。

三角形是一个平面图形。

我们身上的所有线段都只能在一个平面上！

三角形上的三条线段，就是它的三条边，边和边的交点就是三角形的顶点。

就像自行车上面的三角形车架一样，车架上每一条梁都有长度，三角形的每一条边也都有长度，那就是它的边长。

边

顶点

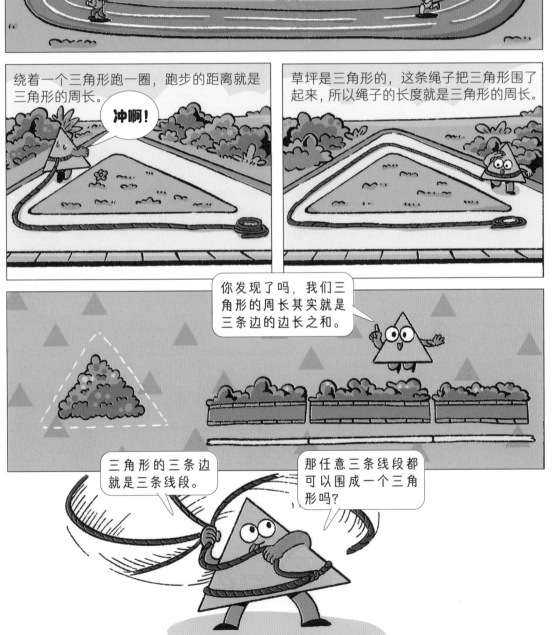

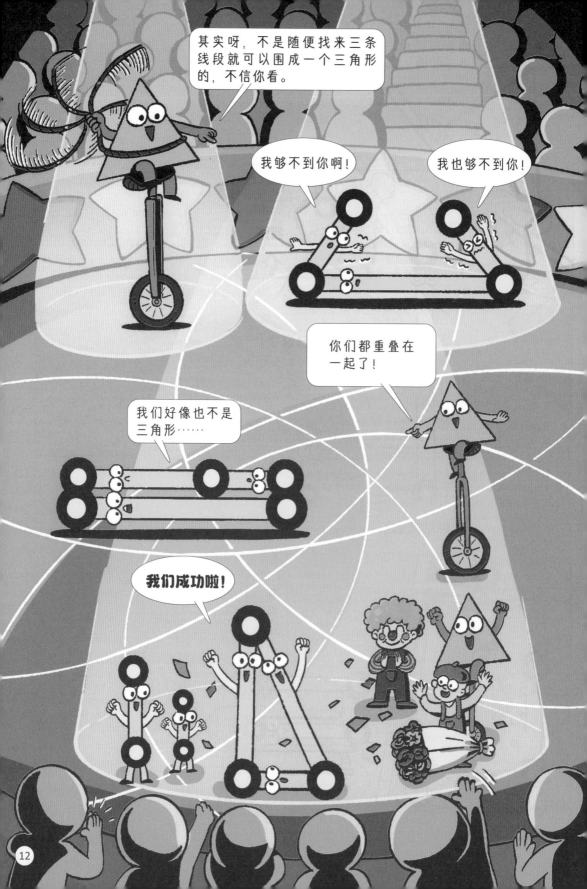

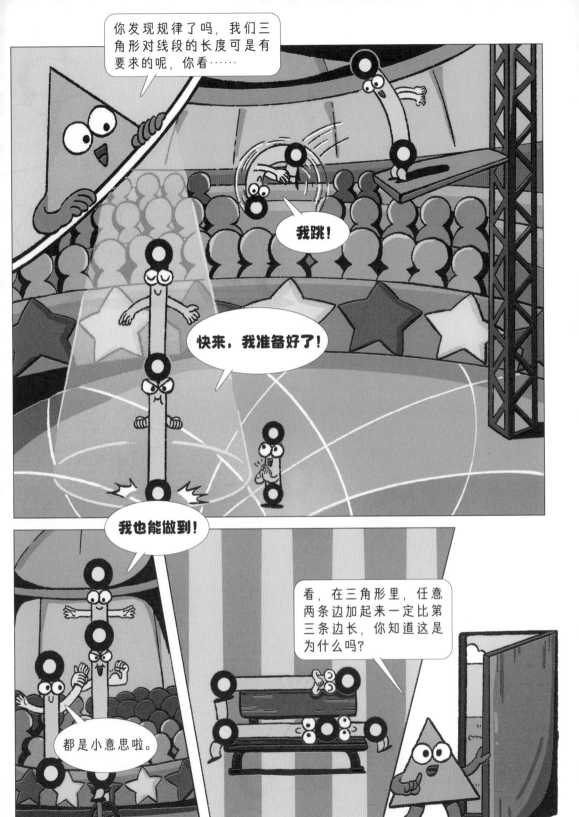

永远都不会变形

让我们先把这个三角形的衣架拆开，看看我们可不可以把它拼成一个全新的衣架吧！

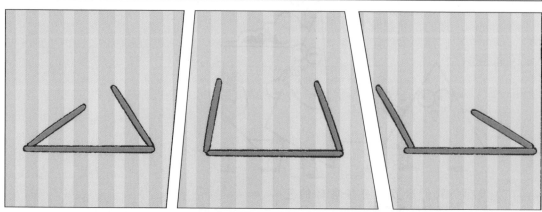

不管怎么拼，总有两根木条不能和对方连在一起，这可怎么办呢？

三角形的身份卡

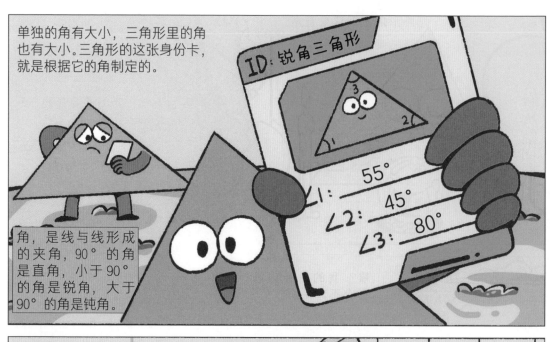

单独的角有大小，三角形里的角也有大小。三角形的这张身份卡，就是根据它的角制定的。

ID：锐角三角形

∠1: 55°
∠2: 45°
∠3: 80°

角，是线与线形成的夹角，90°的角是直角，小于90°的角是锐角，大于90°的角是钝角。

三角形的三个角都是锐角时，它就是一个锐角三角形。

装扮中经常会用到我，我就是小彩旗！我的三个角都是锐角，是个锐角三角形！

如果三角形里有两个角是90°，那会怎样呢？

当有一个角是90°的时候，这个三角形就是一个直角三角形。

我也有身份卡了！

"隐形"的线段们

瓦房是我们国家的传统建筑之一，它的房梁所用的三角架，其实就利用了三角形的稳定性。

没错，别看钝角三角形很扁，它也是具有稳定性的！

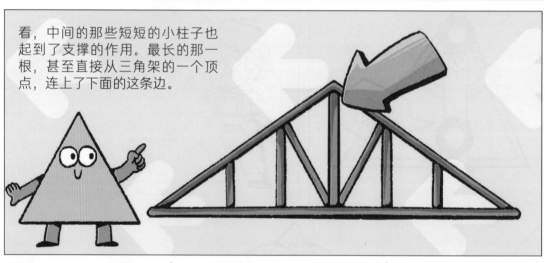

看，中间的那些短短的小柱子也起到了支撑的作用。最长的那一根，甚至直接从三角架的一个顶点，连上了下面的这条边。

因为这根小柱子和钝角三角形底边是垂直的！

竖着的这根长柱子把这个钝角三角形分成了两个三角形，确切地说，是两个直角三角形。

这根长柱子正好压在了三角形里一条"隐形"的线段上。

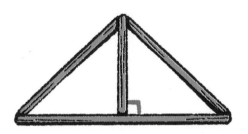

它就是三角形的一条**高**。

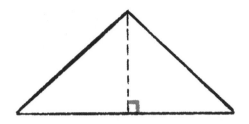

没错，就是我，我就是三角形的顶点到它正对着的那条边的垂线段！

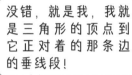
高

三角形的身高就是高，就像你的身高一样。

顶点

底

想象这个三角形是一个小房子，我们在三角形上面开个门，你就可以站进去了。

我是"顶天立地"的英雄！

当你慢慢长大的时候，身高也在变化。可是一个三角形不会像你一样长大，那它的高是不是也不会变呢？

我太高了，只能蹲在里面……

哈哈，三角形里面的一条高不会再变了，不过三角形可不止这一条高！

我们让三角形翻个跟头，它就变高了！

这样，我就又可以站进去啦！

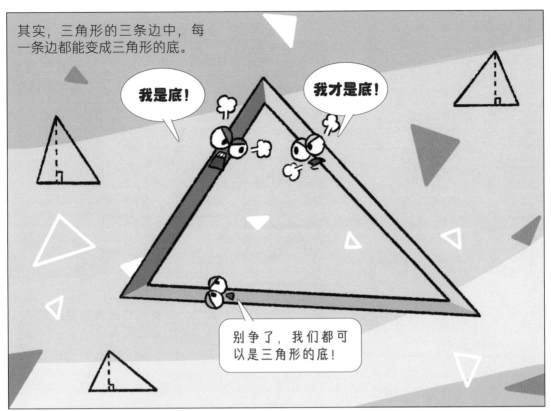

其实，三角形的三条边中，每一条边都能变成三角形的底。

我是底！

我才是底！

别争了，我们都可以是三角形的底！

三角形的每条底上面，都有一条高，所以一个三角形可以有三条高呢。

可是我们只能看见三角形的三条底，因为它的三条高都藏起来了。那要怎样才能找到藏起来的高呢？

民间一直用线坠来确定垂直，古代的木匠也用矩尺来检验直角。

两条线形成的角如果是90°的直角，那么这两条线就互相垂直。

而我们只需要一个三角板，就可以轻轻松松地找到那些"隐形"的高。

常见的三角板上，都藏着一个直角。直角的两条边是互相垂直的！

角度影响了什么？

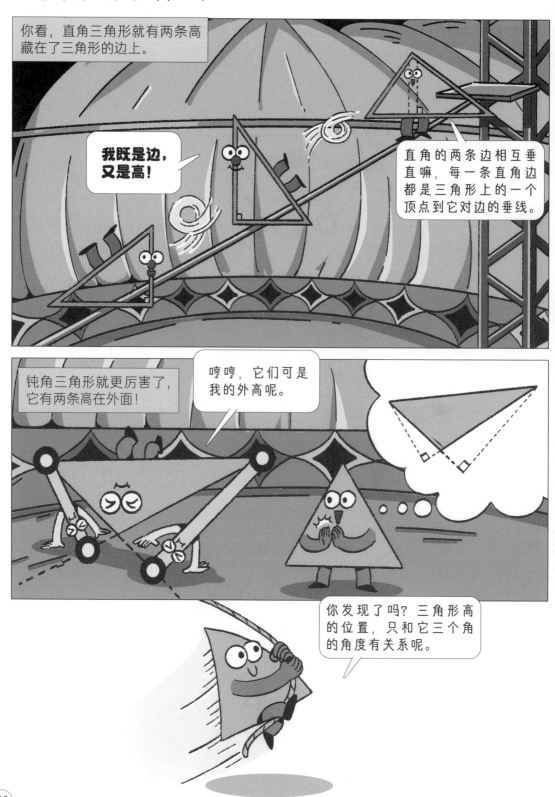

你看，直角三角形就有两条高藏在了三角形的边上。

我既是边，又是高！

直角的两条边相互垂直嘛，每一条直角边都是三角形上的一个顶点到它对边的垂线。

钝角三角形就更厉害了，它有两条高在外面！

哼哼，它们可是我的外高呢。

你发现了吗？三角形高的位置，只和它三个角的角度有关系呢。

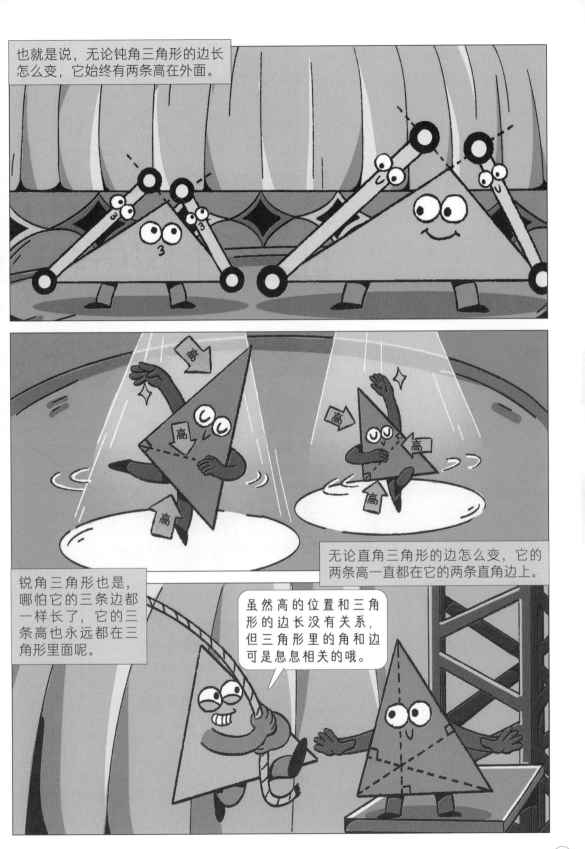

息息相关的角和边

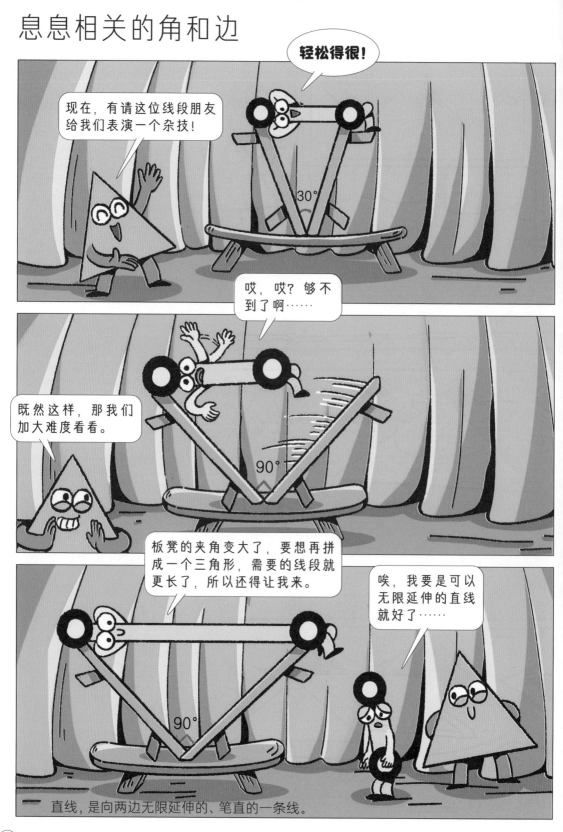

直线，是向两边无限延伸的、笔直的一条线。

其实反过来也是一样的。你看衣架里面，最长的这条边，对着的就是那个最大的角。

一样长的两条边，对着的两个角也一样大啊。

所以在三角形中，角和边可是息息相关的，它们两个相互影响，谁都离不开对方。

我希望我身体里面最小的角的对边变得最长。

那你就不是三角形了！

三角形的另一张身份卡

每个三角形都有两张身份卡，一个代表它的"角"，一个代表它的"边"。

你的三个角分别是 30°、60°、90°，是个直角三角形哦。

跟我来测量一下边长。

暂停

嘿嘿！

三条边分别是 1.5 厘米、2 厘米、2.5 厘米。

我们都是不等边三角形呢。

三条边都不一样长的三角形就是不等边三角形。不等边三角形的三个角也是不一样大的！

有两条边一样长的三角形，就会得到一张"等腰三角形"的身份卡。

等腰三角形相等的两条边，就是它的"腰"。你看，三明治上就有一个等腰三角形。

腰

腰

有一个直角的等腰三角形，就是等腰直角三角形，这个三角板就是个等腰直角三角形。

等腰三角形里，两个相等的角叫作底角。我们等腰直角三角形的底角都是 45°。

90°

底角

底角

45°

45°

三条边都相等的三角形就是等边三角形。垃圾分类的标志里面，可回收物的标志就是一个等边三角形。
马路上经常见到的警示标志里面也有等边三角形。

每个等边三角形都和我一样，三条边一样长。

而且，我的三条边一样长，三个角也都是一样大的60°，这是巧合吗？

对啦，每个等腰直角三角形的两个底角都是45°呢，这也是巧合吗？

三角形里没有巧合

其实，这些都不是巧合。
你看，每个三角形在拿到它的身份卡之后，都要进行一项体检，看看它是不是一个健康的三角形。

好了，下一个！

我们需要把你的三个角拼在一起检查一下。

我带了一个和我一样大的纸片三角形，可以撕下来拼一拼！

等边三角形的三个角拼在一起，正好是一个180°的平角呢。

180°

等腰直角三角形和最开始的那个小三角形也都是这样呢。

45°+45°+90°=180°

30°+60°+90°=180°

一切都来自生活

这位先贤就是泰勒斯，他是生活在两千多年前的古希腊的思想家和哲学家。

相传，泰勒斯在用等边三角形的地砖装修房子时，发现了一个非常有趣的现象。

这六块地砖里的6个角，竟然可以填满这个区域，一条缝儿都没有，真美观啊。

所以这6个角加起来就是360°。

6 个一样大的角可以拼成 360°，360° 就是 4 个直角。

等边三角形的三个角都一样大，每个地砖也都是一样大，那这岂不是说，6 个一样大的角可以拼成 360° 吗？

那 3 个一样大的角，就可以拼成 2 个直角。

这也就是说，等边三角形里的三个内角加起来就是 2 个直角那么大！

就这样，泰勒斯用拼图的方法，第一次发现了三角形的内角和是 180°。

概念收纳盒

平面图形： 构成一个图形的所有的点都在同一个平面内，这个图形就是平面图形。

三角形： 在同一个平面里，三条线段首尾相连组成的图形就是三角形。

三角形的高： 三角形的一个顶点到它对边的垂线段就是三角形的高。

三角形的内角和： 三角形三个内角之和是 180°。

还记得之前说过的三角形的外角吗？三角形的外角就是三角形的一条边与另一条边的延长线所组成的夹角。你画画看，一个三角形有几个外角呢？

不相邻的内角

外角

相邻的内角

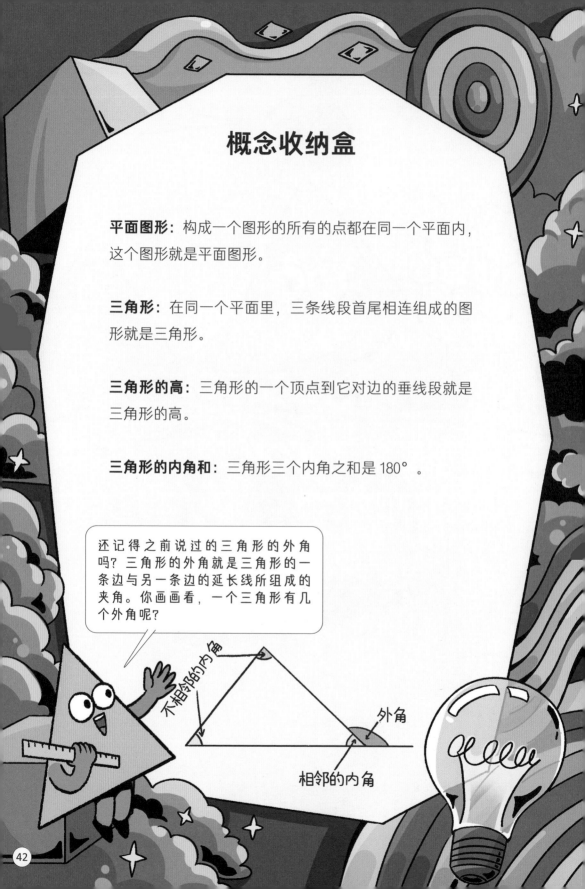

四边形

我们是个大家族

夜晚的天空中有很多星星，你能在星星中，发现我们的身影。

大大的城市里，我们藏在各种高楼大厦中。

你在小区里，也能找到我们家族的成员。

我们还和你生活在一起。

四边形是一种平面图形，它有首尾相连的四条边。我们把三角形掰开，再给它加一条边，它就变成了一个四边形。

好大的风！

四边形的四条边，一定要首尾相连围在一起哦。

像个梯子一样

四边形中，有的图形和平行是好朋友，你看，这个图形有一组对边就是相互平行的。

对边就是相对着的两条边，就像是河流的两岸。

只有一组对边平行的四边形，就是梯形，它们是一个小家族。家族里，每个梯形都有一组相互平行的对边。

这一组相互平行的对边，就是梯形的底边，每个梯形都有两条底边。梯形里还有两条不平行的边，这两条边就是梯形的"腰"。

妈妈说小孩子没有腰……

底边

腰

腰

底边

我们梯形也是有腰的！

当两条腰一样长时

梯子两边竖起来的长杆其实是一样长的。梯子的长杆就像是梯形的腰，当梯形的两条腰一样长时，它就是一个等腰梯形了。

等腰梯形就像这个屋顶一样，充满了对称美。

我是等腰梯形，我的两条腰是一样长的呢。

你知道什么是对称美吗？别着急，之后我们会讲到的！

等腰梯形除了它的腰以外，它的角也很特殊呢。

梯形和所有的四边形一样，都有四个角。梯形的四个角就是它的"底角"。

挨着上底的两个角叫"上底角"，挨着下底的两个角就叫"下底角"。

就像等腰三角形一样，等腰梯形的底角也是一样大的，两个上底角一样大，两个下底角也一样大。

我们的名字很像呢！

等腰梯形有两条一样长的边，还有两对一样大的角，如果我们把它对折一下……

喜欢直角的梯形

我们把等腰梯形对折之后，两边就重叠在一起了，这其实也是个梯形呢。

这样的梯形就是有两个直角的直角梯形。
运动场上，足球门的侧面就是直角梯形。

这样的球门稳固又美观。

更多更多的"平行"

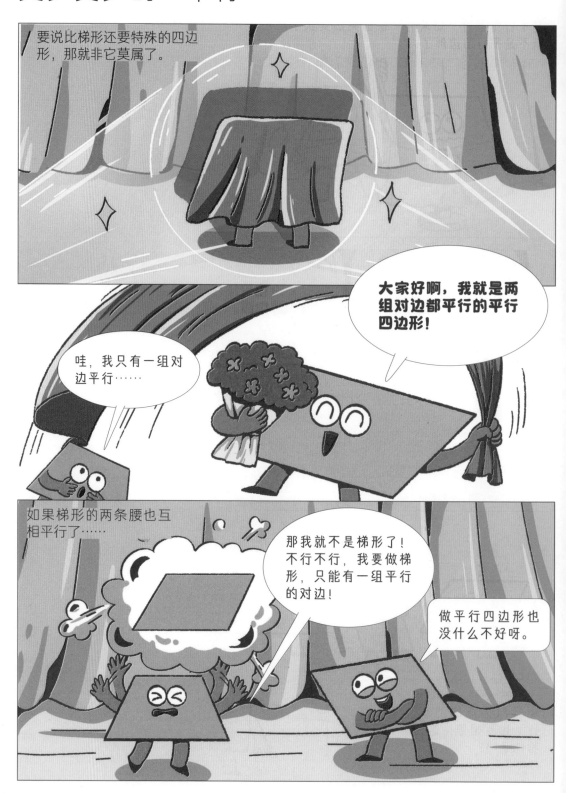

要说比梯形还要特殊的四边形，那就非它莫属了。

大家好啊，我就是两组对边都平行的平行四边形！

哇，我只有一组对边平行……

如果梯形的两条腰也互相平行了……

那我就不是梯形了！不行不行，我要做梯形，只能有一组平行的对边！

做平行四边形也没什么不好呀。

平行四边形的两组对边都是平行的，可是，光是平行可不行，如果有一条边突然变长了，它就不是平行四边形了。

哇，这回我总算是平行四边形了吧！

没错没错，恭喜你哦。

那是当然，我们可是有大本领的！

平行四边形的两组对边既要平行，也要相等，这让你们变得更特殊了吗？

学会了七十二变

对边平行且相等的平行四边形，学会了梯形没有的本领——

变变变！

因为平行四边形是一种易变的图形，它和三角形正好相反，具有不稳定性。

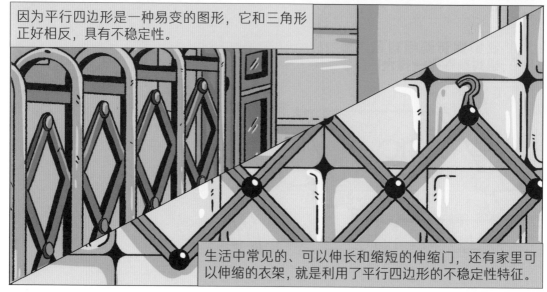

生活中常见的、可以伸长和缩短的伸缩门，还有家里可以伸缩的衣架，就是利用了平行四边形的不稳定性特征。

你发现了吗，平行四边形在变形的时候，四个角也在跟着一起变化。

相对着的两个角就是对角，平行四边形手里拿着的两个角就是对角，是面对面的呢。

你知道这是为什么吗？嘿嘿，因为我们的对角是一样大的！

我们都有两组对角，每组对角都是一样大的。

就你特殊……

120° 60°
60° 120°

四个角都是直角

平行四边形也是一个大家族，家族里有一种内角是直角的平行四边形，它就是长方形。

长方形还有另外一个名字，叫矩形。它有四个直角，每两条挨在一起的边都是互相垂直的。你的课桌桌面就是一个长方形，课桌上的课本也是一个长方形。你看，它们是不是都有四个直角？

四个直角组合起来，其实是一个 360° 的周角，所以长方形的内角和就是 360°。

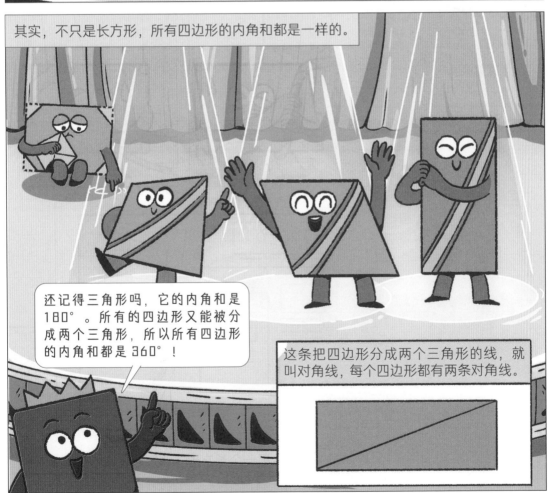

其实，不只是长方形，所有四边形的内角和都是一样的。

还记得三角形吗，它的内角和是 180°。所有的四边形又能被分成两个三角形，所以所有四边形的内角和都是 360°！

这条把四边形分成两个三角形的线，就叫对角线，每个四边形都有两条对角线。

有用的对角线

或许你不知道，但是你经常在生活中"见"过长方形的对角线。

42 英寸
106.68 厘米

我们会用对角线来表达电视的大小，42 英寸的电视，其实指的就是这个电视的对角线的长度是 42 英寸，但是中国的第一台电视机的屏幕只有 14 英寸 *。

注：英寸，是英美制长度单位，1 英寸等于 2.54 厘米。

长方形的对角线还有其他用途，比如在拍照的时候，你就可以用到它。

拍照时，有一种构图方法就叫作"对角线构图"。这张照片看起来是不是比旁边的那张更富有美感？

长方形的对角线可是一个实用派呢，长方形自己也是。看看你的身边，是不是很多东西都是长方形的？

虽然长方形是一种特殊的平行四边形，可它却不是最美观的那个。走，和我一起去见见最美观的平行四边形吧！

爱美的菱形

这个图形有着很长很长的"爱美"历史，你看，早在四五千年前，马家窑文化的彩陶上就有它的存在了。

彩陶旋涡菱形几何纹双系壶

汉族传统纹样——方胜纹，也用了这个图形，这种纹样在美观的同时，还有着同心同德、延续不断的寓意。

设计和艺术中也经常会用到这个图形。你看，贝聿铭先生设计的巴黎卢浮宫的玻璃金字塔中就用到了它。

这个图形就是菱形。

我是一种特殊的平行四边形，四条边都一样长！

沿着对角线折叠一下，菱形就变成了一个等腰三角形。

好牛！厉害！漂亮！

菱形沿着它的任意一条对角线折叠，都可以做到这样呢。

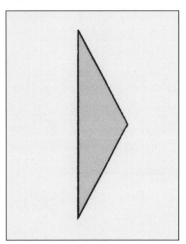

让我们把菱形的两条对角线找出来，这两条对角线相交在一起，它们都是对方的垂线。

菱形的对角线互相垂直，这就是它的另一个特殊之处。

所以菱形不仅仅是美观，它也有自己的特殊所在。

可是，菱形并不是最特殊的图形，那谁才是呢？

我有四个直角啊。

我的四条边一样长！

我的两组对边平行又相等呢。

我就是最特殊的那个！

正式向大家介绍一下我自己，我叫正方形，是最特殊的四边形！

正方形和平行四边形一样，两组对边分别平行且相等。当一个平行四边形的四个角都变成直角、四条边都变得一样长之后，它就是一个正方形了。

得把它这两条边截短一点，四条边才一样长！

得让它的四个角变成直角啊……

当当当！

正方形还和长方形一样，四个角都是直角，所以它也是一个特殊的长方形。

把我压扁一点，四条边一样长了，我就是一个正方形了……

所有的正方形都是长方形，但并不是所有的长方形都是正方形。

正方形之家

集齐了这么多特殊之处的正方形，理所当然地成了四边形家族的明星。

在生活中，正方形也是兼顾了美观和实用。你看，家里是不是就有很多正方形？

大家折纸的时候，用得最多的、最基础的也都是正方形的纸张。

你或许想不到，随便画一个正方形都可能成为一件艺术品。卡西米尔·马列维奇的《白底上的黑色方块》就是一幅非常著名的画作。

我可太特殊了！

《白底上的黑色方块》
卡西米尔·马列维奇

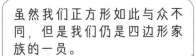

虽然我们正方形如此与众不同，但是我们仍是四边形家族的一员。

每一个四边形都是特殊的，它们可能有着特殊的角，可能有着特殊的边。

只不过，一些四边形被选了出来，赋予了新的名字，但是大家都是四边形家族的一员。

梯形

平行四边形

长方形

菱形

正方形

像一棵大树一样

平行四边形和梯形这两个小家族，和其他所有的四边形一起，组成了四边形家族的这棵大树。

概念收纳盒

平面四边形：在一个平面里，四条线段首尾相连组成的封闭图形就是平面四边形。

梯形：只有一组对边平行的四边形就是梯形。平行的两条边叫作梯形的底边，不平行的两条边叫作腰。

平行四边形：两组对边分别平行的四边形就是平行四边形。

长方形：四个角都是直角的四边形就是长方形，也叫矩形。

菱形：四条边都相等的平行四边形就是菱形。

正方形：四个角都是直角且四条边都相等的四边形就是正方形。

圆形

弯弯曲曲的曲线图形

飞机拉着弯弯曲曲的线在天上飞着，我就藏在这条线里。

嗨，我是曲线段，我在你的世界随处可见，不信跟我来。

蜿蜒的河流奔腾着前进，我就藏在河流中。

河流汇入湖泊，我就藏在湖岸边。

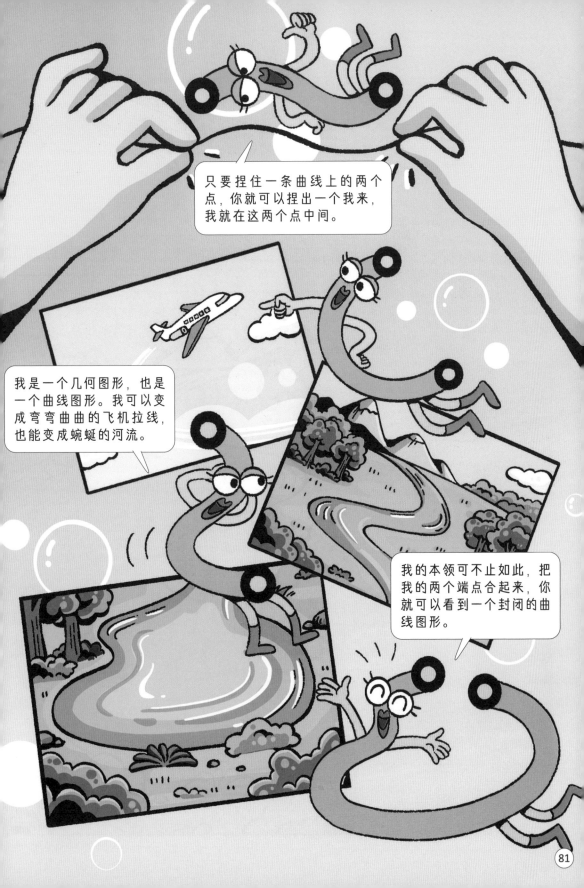

神奇的圆在身边

设计你的摩天轮图纸

果然，徒手画圆好像有点难啊……

说起来徒手画圆，谁都比不过他们！数学老师可是徒手画圆的大师呢！

你发现了吗？他们在画圆的时候，要么大拇指按住一个点不动，要么肩膀的位置一动不动。这是为什么呢？

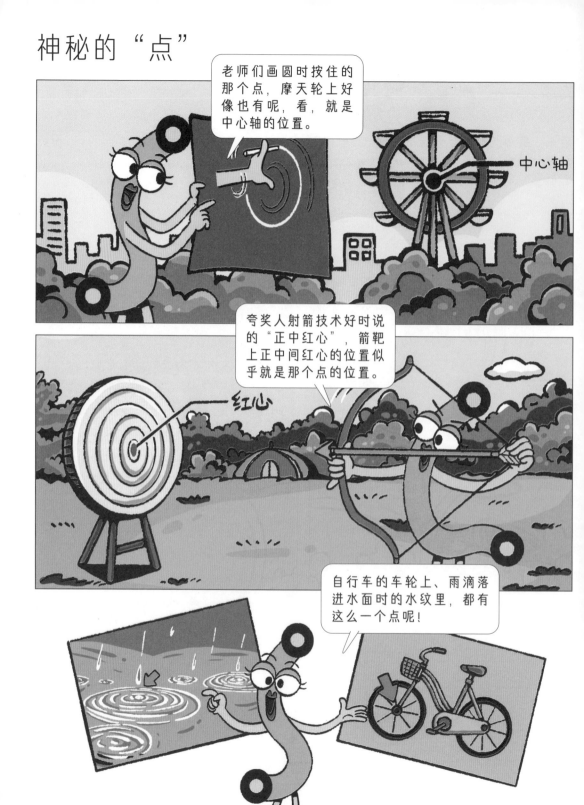

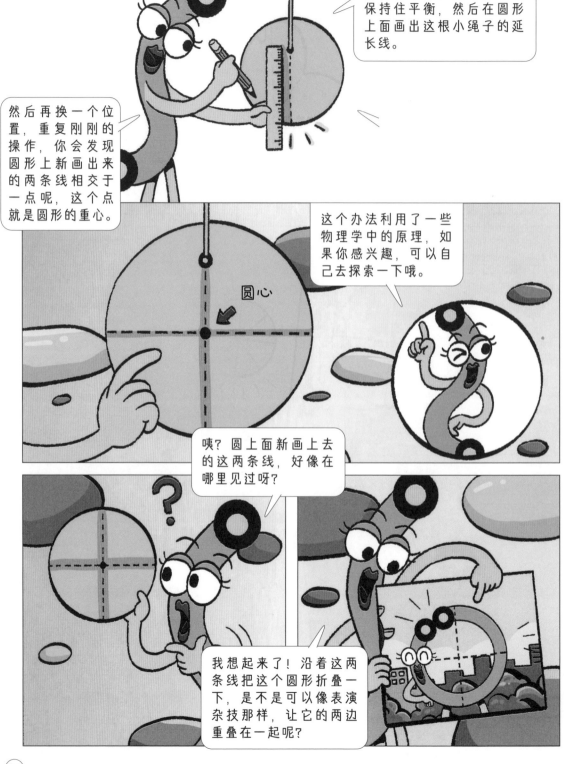

无数条折痕，无数条直径

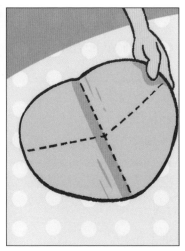

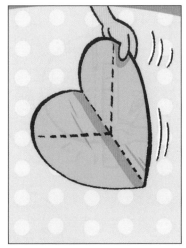

你看，这条线两边的部分果然重叠在一起了！

其实，这种折痕就是圆形的直径，是圆形里面最长的线段。

我们可以把圆在任意位置对折，这样就有好几条折痕。事实上，你可以折无数条折痕。

折痕的交点就是直径的交点，这个点就是圆形的重心，也是圆形最中间的位置，它还有另外一个名字，叫作"圆心"。

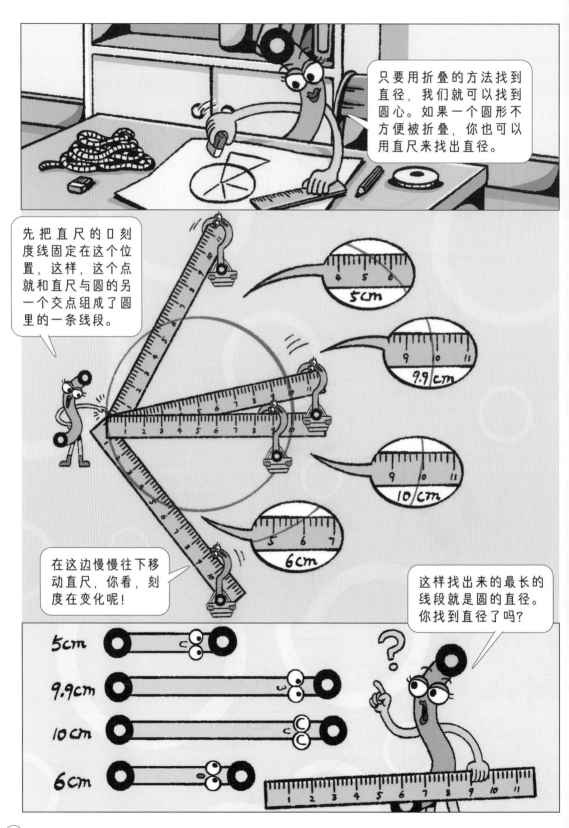

通过测量，我们可以发现这个圆形里面最长的线段就是10厘米的那条线段，这就是这个圆形的一条直径！

按照同样的方法再找出来一条直径，我们就可以找到这个圆形的圆心。圆心就是摩天轮中心轴的位置。看，我们的摩天轮已经有了轮廓啦！

圆心

直径

半径"来帮忙"

现在，我们可以设计摩天轮的"骨架"部分了，就是从中心轴出发，连接着整个转盘的那些支撑梁。

只要有我们在，圆就不会变形！

我们在图纸上连接圆心和圆周上的一个点，这条线段就是支撑梁所在的位置。

5 cm

4 cm

6 cm

3 cm

我来啦！

哎呀！

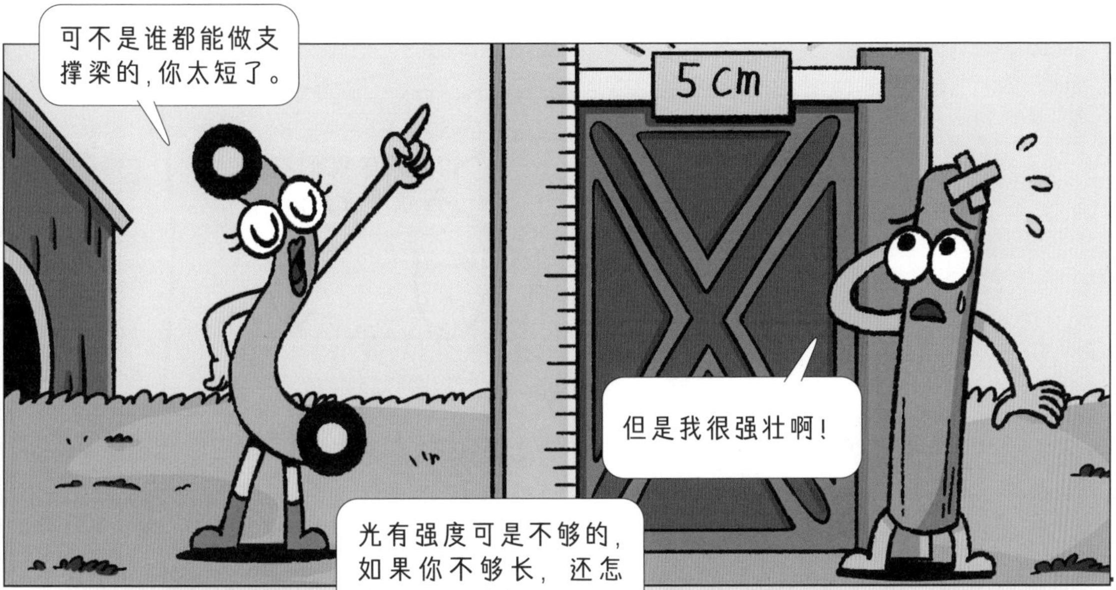
可不是谁都能做支撑梁的，你太短了。
5 Cm
但是我很强壮啊！
光有强度可是不够的，如果你不够长，还怎么能支撑转盘呢？

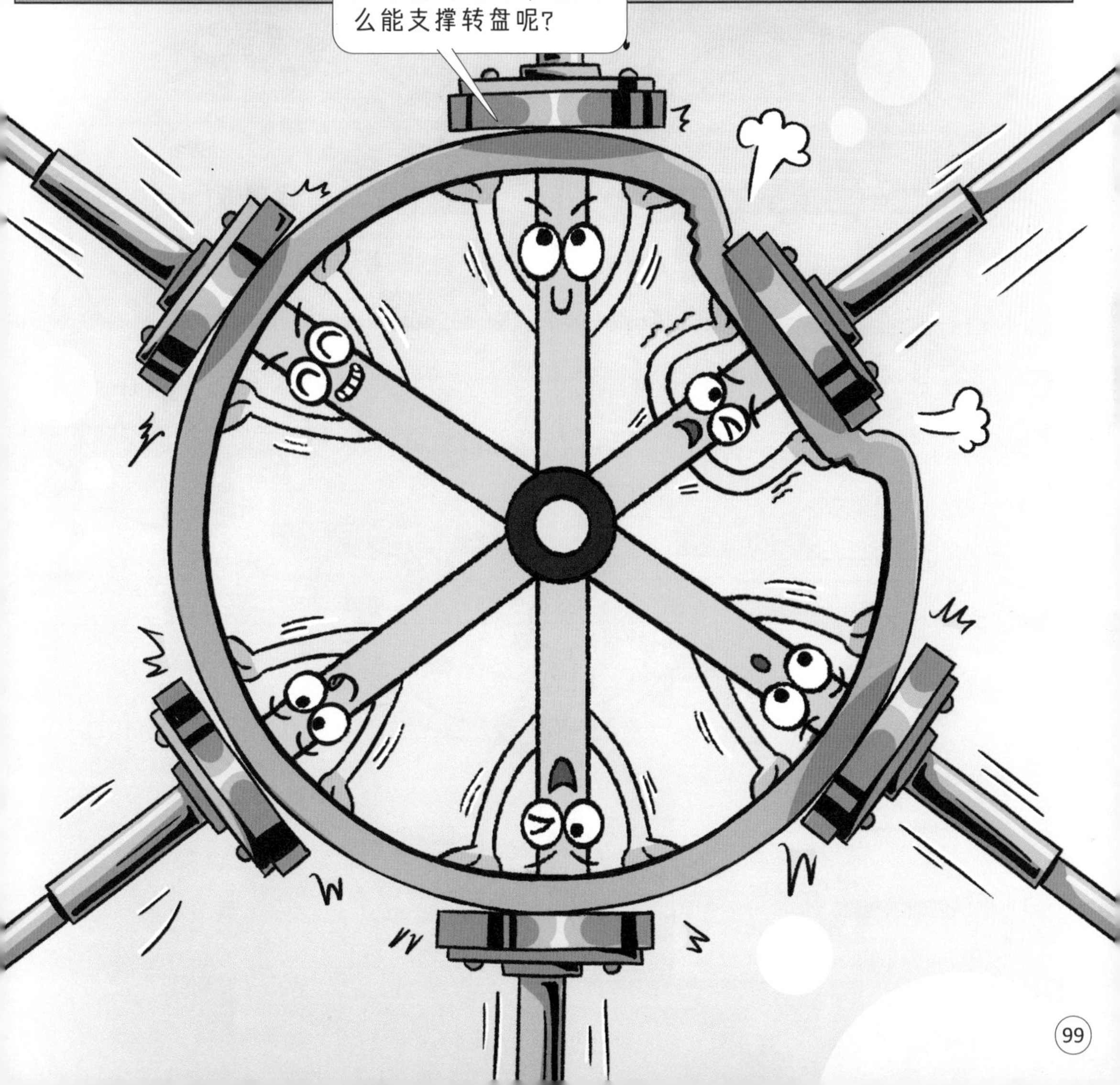

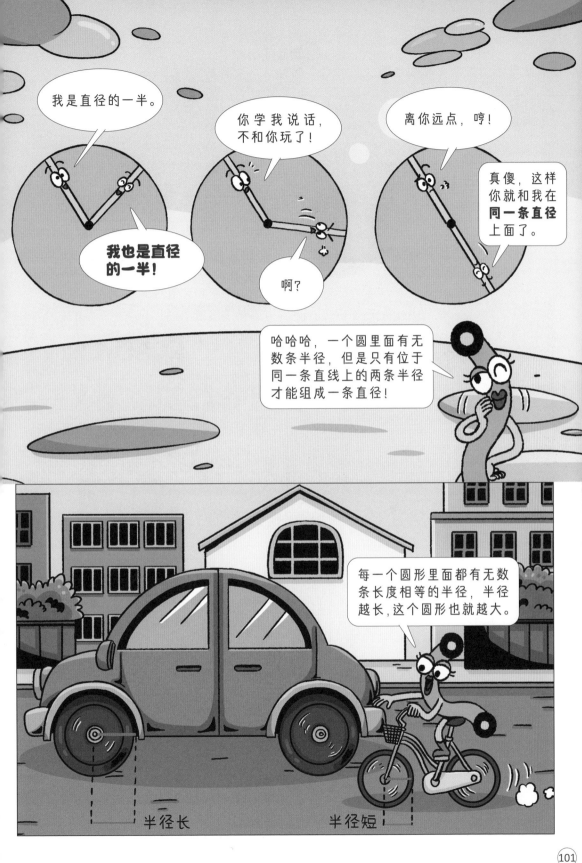

车轴

轮胎半径

"测量"摩天轮

圆周率也有"历史"

早在两千多年前，中国最古老的数学著作《周髀（bì）算经》中就已经记载了"周三径一"的说法。

"周三径一"的意思，就是说圆形的周长是直径的 3 倍，这个是古代关于圆周率不精确的估算。

直径应该是周长的三分之一啊，怎么会长呢……

几百年后，到了王莽做皇帝的新朝，为了进行度量衡改革，王莽要求天文历法家刘歆铸造了一个标准量器。根据量器里的铭文计算，大家知道了刘歆用的圆周率是 3.1457，世称"刘歆率"。

这个量器的开口是一个圆形呢！

刘歆

新莽铜嘉量

后来，祖冲之和他的儿子祖暅继续用割圆法推算圆周率。祖冲之父子二人在一个圆形里面摆了一个正24576边形，没错，就是有两万四千五百七十六条边的多边形，是不是难以想象？

慢慢地，人们推算出了越来越精准的圆周率。但是"π"这个名字，却是西方人率先使用的。

欧拉

为了简洁起见，我们将半径为1的圆周长的一半写为π……

据说在1706年，一位名叫威廉·琼斯的英国人使用了 π 这个符号来代表圆周率，后来在数学大师欧拉的倡导下，π 就成了圆周率的代号。

我们再也不需要用很长很长的绳子把圆围起来去测量圆形的周长了。

圆的周长 = πd

直径 d

圆周率还可以被用来测试电脑运行速度呢，比如你可以命令电脑计算圆周率小数点后的5000位，用的时间越短，说明电脑运行速度越快。

概念收纳盒

圆形：在同一平面内到定点的距离等于定长的点的集合叫作圆。

圆心：即圆的中心。圆心到圆上任意一点的距离都相等。

半径：连接圆心和圆上任意一点的线段就是半径。

直径：通过圆心并且两端都在圆上的线段叫作直径。

圆周率：用符号 π 代表，是圆形的周长和直径的比值，是一个无限不循环小数。

别忘了我三角形，我的三个角很有特点呢。

作者团队

米莱童书 | Ⓜ️ **米莱童书**

米莱童书是由国内多位资深童书编辑、插画家组成的原创童书研发平台。旗下作品曾获得 2019 年度"中国好书",2019、2020 年度"桂冠童书"等荣誉;创作内容多次入选"原动力"中国原创动漫出版扶持计划。作为中国新闻出版业科技与标准重点实验室(跨领域综合方向)授牌的中国青少年科普内容研发与推广基地,米莱童书一贯致力于对传统童书进行内容和形式的升级迭代,开发一流原创童书作品,适应当代中国家庭的阅读与学习需求。

策 划 人:刘润东

原创编辑:韩茹冰

知识脚本作者:于利 北京市海淀区北京理工大学附属小学数学老师,
34 年小学数学教学经验,海淀区优秀"四有"教师。

漫画绘制: Studio Yufo

装帧设计:张立佳　刘雅宁　刘浩男　辛　洋　马司雯
朱梦笔　汪芝灵

封面插画:孙愚火

图书在版编目（CIP）数据

百变的平面几何图形 / 米莱童书著绘. -- 北京：
北京理工大学出版社, 2024.4
（启航吧知识号）
ISBN 978-7-5763-3419-7

Ⅰ.①百… Ⅱ.①米… Ⅲ.①平面几何—少儿读物
Ⅳ.①O123.1-49

中国国家版本馆CIP数据核字(2024)第012172号

出版发行 / 北京理工大学出版社有限责任公司
社　　址 / 北京市丰台区四合庄路 6 号
邮　　编 / 100070
电　　话 / （010）82563891（童书售后服务热线）
网　　址 / http://www.bitpress.com.cn
经　　销 / 全国各地新华书店
印　　刷 / 北京尚唐印刷包装有限公司
开　　本 / 710毫米×1000毫米　1 / 16
印　　张 / 7.5　　　　　　　　　　　　　　　责任编辑 / 李慧智
字　　数 / 250千字　　　　　　　　　　　　　文案编辑 / 李慧智
版　　次 / 2024年4月第1版　2024年4月第1次印刷　责任校对 / 王雅静
定　　价 / 30.00元　　　　　　　　　　　　　责任印制 / 王美丽